REALITÄT UND IRREALITÄT

Dipl. Geologe Haydar Toraman

Die Definitionen von Realität und Irrealität:

Realität

Definition: Realität bezieht sich auf den Zustand oder die Beschaffenheit von Dingen, wie sie objektiv existieren, unabhängig von menschlicher Wahrnehmung oder Interpretation. Es umfasst alle physischen und sozialen Phänomene, die tatsächlich sind und durch empirische Beweise bestätigt werden können. Die Realität kann sowohl die physische Welt (z.B. Materie, Naturgesetze) als auch soziale und kulturelle Aspekte (z.B. Gesellschaft, Interaktionen) umfassen.

Irrealität

Definition: Irrealität bezeichnet den Zustand oder die Eigenschaft, nicht real oder nicht existent zu sein.

Sie umfasst alles, was außerhalb der anerkannten oder wahrnehmbaren Realität liegt, wie Fantasie, Träume, hypothetische Szenarien oder übernatürliche Konzepte. Irrealität kann auch auf Wahrnehmungsverzerrungen hinweisen, bei denen die Realität nicht korrekt wahrgenommen wird.

Zusammengefasst beschreibt Realität das, was tatsächlich existiert oder als wahr betrachtet wird, während Irrealität das beschreibt, was imaginär, hypothetisch oder nicht existent ist.

Kapitel 1: Im Universum gibt es sowohl sichtbare als auch unsichtbare Dinge, die unser Verständnis von der Realität und der kosmischen Struktur prägen.

Hier sind einige Beispiele:

Sichtbare Dinge

1. **Sterne**:
- Sterne sind massive, leuchtende Himmelskörper, die Licht und Wärme abstrahlen. Sie sind die am häufigsten sichtbaren Objekte im Universum.

2. **Planeten**:
- Planeten wie Erde, Mars und

Jupiter sind im Sonnensystem sichtbar. Einige sind auch mit bloßem Auge oder durch Teleskope von der Erde aus zu sehen.

3. **Galaxien**:
- Galaxien sind große Ansammlungen von Sternen, Gas und Staub. Die Milchstraße ist unsere Heimatgalaxie, und andere Galaxien wie Andromeda können durch Teleskope beobachtet werden.

4. **Nebulae**:

- Nebel sind große Wolken aus Gas und Staub im Weltraum. Einige, wie der Orionnebel, sind mit Teleskopen sichtbar.

5. **Supernovae**:

- Die Explosion eines sterbenden Sterns kann in bestimmten Phasen sehr hell leuchten und ist oft für einige Zeit sichtbar.

Unsichtbare Dinge

1. **Dunkle Materie**:

- Dunkle Materie macht einen großen Teil der Materie im Universum aus, ist aber nicht direkt sichtbar. Sie interagiert nicht mit Licht, sondern nur mit Gravitationskräften. Ihre Existenz wird durch die Auswirkungen auf die Bewegung von Galaxien und Galaxienhaufen abgeleitet.

2. **Dunkle Energie**:

- Dunkle Energie ist eine hypothetische Form von Energie, die für die beschleunigte Expansion des Universums verantwortlich gemacht wird. Sie ist ebenfalls unsichtbar und wird durch ihre Auswirkungen auf die kosmologische Struktur und Dynamik des Universums erschlossen.

3. **Schwarze Löcher**:
- Schwarze Löcher sind Regionen im Raum, in denen die Gravitation so stark ist, dass nichts, nicht einmal

Licht, entkommen kann. Sie sind nicht direkt sichtbar, können jedoch durch ihre Auswirkungen auf benachbarte Objekte und die Strahlung, die sie abgeben, identifiziert werden.

4. **Neutrinos**:
- Neutrinos sind subatomare Teilchen, die kaum mit Materie interagieren. Sie sind extrem schwer nachzuweisen, da sie durch den Großteil der Materie hindurchreisen,

ohne beeinflusst zu werden.

5. **Gravitationswellen**:

- Gravitationswellen sind Wellen in der Raum-Zeit, die durch beschleunigte Massen erzeugt werden, wie z.B. bei der Kollision von Schwarzen Löchern. Sie sind nicht sichtbar, können aber mit speziellen Detektoren wie LIGO nachgewiesen werden.

Fazit

Die Kombination aus sichtbaren und unsichtbaren Dingen im Universum erweitert unser Verständnis von der Realität und der Struktur des Kosmos. Während wir viele Dinge direkt beobachten können, erfordert das Verständnis der unsichtbaren Elemente innovative Technologien und wissenschaftliche Theorien.

Kapitel 2: Die Konzepte von Realität in den Naturwissenschaften und den Sozialwissenschaften unterscheiden sich in ihrer Herangehensweise,

Methodologie und den Objekten ihrer Untersuchung.

Hier sind einige zentrale Aspekte:

Realität in den Naturwissenschaften

1. **Objektive Realität**:
- In den Naturwissenschaften wird Realität oft als objektiv und unabhängig von menschlicher

Wahrnehmung betrachtet. Die Naturwissenschaften streben danach, die Gesetze der Natur zu verstehen, die für alle Menschen gelten.

2. **Empirische Evidenz**:
- Die Realität wird durch empirische Daten und Beobachtungen definiert. Experimente und Messungen sind entscheidend, um Hypothesen zu testen und Theorien zu entwickeln.

3. **Wiederholbarkeit**:

- Ergebnisse in den Naturwissenschaften müssen reproduzierbar sein. Das bedeutet, dass Experimente unter den gleichen Bedingungen zu denselben Ergebnissen führen sollten, um als Teil der Realität akzeptiert zu werden.

4. **Theoretische Modelle**:

- Naturwissenschaftler verwenden

mathematische und theoretische Modelle, um reale Phänomene zu erklären. Diese Modelle sind nützlich, um komplexe Systeme zu verstehen, auch wenn sie nicht immer die gesamte Realität abbilden.

Realität in den Sozialwissenschaften

1. **Subjektive Realität**:
- In den Sozialwissenschaften wird Realität oft als sozial konstruiert

betrachtet. Die Wahrnehmung von Realität kann je nach kulturellem, sozialem und individuellem Kontext variieren.

2. **Qualitative und quantitative Ansätze**:

- Sozialwissenschaften nutzen sowohl qualitative als auch quantitative Methoden, um soziale Phänomene zu untersuchen. Während quantitative Methoden statistische Analysen verwenden, konzentrieren sich qualitative Methoden auf das Verstehen von Bedeutungen und Erfahrungen.

3. **Kontextualität**:

- Die Realität in den Sozialwissenschaften ist stark kontextabhängig. Soziale, kulturelle und historische Faktoren beeinflussen, wie Menschen die Realität wahrnehmen und interpretieren.

4. **Interaktionen und Beziehungen**:

- Die soziale Realität wird durch Interaktionen zwischen Individuen und Gruppen geformt. Aspekte wie Macht, Identität und Kommunikation spielen eine wichtige Rolle bei der Konstruktion der sozialen Realität.

Fazit

Zusammenfassend lässt sich sagen, dass die Realität in den

Naturwissenschaften als objektiv und empirisch basiert betrachtet wird, während in den Sozialwissenschaften die subjektiven und sozialen Aspekte der Realität im Vordergrund stehen. Beide Disziplinen bieten wertvolle Perspektiven und Methoden zur Untersuchung der Welt, aber sie tun dies aus unterschiedlichen Blickwinkeln und mit unterschiedlichen Annahmen über die Natur der Realität.

Kapitel 3: Die Eigenschaften der Menschheit im Universum lassen sich aus verschiedenen Perspektiven betrachten, darunter biologisch, kulturell, philosophisch und technologisch.

Hier sind einige zentrale Aspekte:

1. **Biologische Eigenschaften**:

- **Homo sapiens**: Menschen sind eine Spezies innerhalb der Familie der Hominidae, gekennzeichnet durch aufrechte Gangart, entwickeltes Gehirn und komplexe Sprachfähigkeit.

- **Genetische Diversität**: Die menschliche Population zeigt eine erhebliche genetische Vielfalt, die durch Migration und Anpassung an verschiedene Umgebungen entstanden ist.

2. **Kognitive Fähigkeiten**:

- **Intelligenz**: Menschen besitzen hohe kognitive Fähigkeiten, die komplexes Denken, Problemlösung und Kreativität umfassen.

- **Bewusstsein**: Menschen haben ein ausgeprägtes Selbstbewusstsein und die Fähigkeit zur Reflexion über die eigene Existenz und die eigene Umwelt.

3. **Emotionale und soziale Eigenschaften**:

- **Empathie**: Menschen sind in der Lage, die Gefühle anderer zu erkennen und mit ihnen zu fühlen, was soziale Bindungen und Gemeinschaften fördert.

- **Kultur und Sprache**: Menschen entwickeln komplexe Kulturen, die durch Sprache, Kunst, Religion und soziale Normen geprägt sind.

4. **Technologische Fähigkeiten**:

- **Innovation**: Menschen haben die Fähigkeit, Werkzeuge und Technologien zu entwickeln, die das Überleben und die Lebensqualität verbessern.

- **Wissenschaftliche Erkenntnisse**: Durch wissenschaftliche Methoden hat die Menschheit ein tiefes Verständnis der Natur und des Universums erlangt.

5. **Philosophische und ethische Dimensionen**:

- **Sinnsuche**: Menschen streben nach Sinn und Verständnis für ihre Existenz, was zu philosophischen und religiösen Überlegungen führt.
- **Moral und Ethik**: Menschen entwickeln ethische Systeme, um das Zusammenleben zu regeln und den Umgang mit anderen Lebewesen und der Umwelt zu gestalten.

6. **Einzigartigkeit im Universum**:
- **Fähigkeit zur Raumfahrt**:

Menschen sind die einzigen bekannten Lebewesen, die Technologien entwickelt haben, um den Weltraum zu erkunden.

- **Fragen nach der Existenz anderer intelligenter Lebensformen**: Die Menschheit stellt sich die Frage, ob es im Universum andere intelligente Lebensformen gibt und welche Bedeutung dies für unser Verständnis von uns selbst hat.

Diese Eigenschaften machen die

Menschheit zu einem einzigartigen Teil des Universums, mit einer komplexen Beziehung zu ihrer Umwelt und zu anderen Lebensformen.

Kapitel 4: Die Rolle der Menschheit im Universum kann aus

verschiedenen Perspektiven betrachtet werden.

Hier sind einige zentrale Aspekte:

1. **Erforscher und Entdecker**:
- Die Menschheit hat die Fähigkeit entwickelt, das Universum zu erforschen. Durch wissenschaftliche Entdeckungen und Technologien haben wir unser Verständnis von Physik, Astronomie und Biologie

erheblich erweitert. Die Erforschung des Weltraums und der Planeten ist ein bedeutender Teil dieser Rolle.

2. **Schöpfer von Kultur und Wissen**:
- Menschen schaffen komplexe Kulturen, Kunstwerke, Sprachen und Wissenschaft. Diese kulturellen Ausdrucksformen tragen zur Vielfalt des menschlichen Erbes bei und reflektieren unser Streben nach Verständnis und Bedeutung.

3. **Verantwortung für den Planeten**:

- Als dominierende Spezies auf der Erde trägt die Menschheit die Verantwortung für den Schutz und die Erhaltung der Umwelt. Die Auswirkungen menschlicher Aktivitäten auf das Klima, die Biodiversität und natürliche Ressourcen sind bedeutend, und es gibt eine zunehmende Verantwortung, nachhaltige Praktiken zu verfolgen.

4. **Ethik und Moral**:

- Die Menschheit beschäftigt sich mit ethischen Fragen, insbesondere in Bezug auf andere Lebewesen und die Umwelt. Unser Verständnis von Moral und Ethik beeinflusst, wie wir mit anderen Spezies und der Natur umgehen.

5. **Fragen nach der Existenz**:

- Menschen stellen grundlegende

Fragen über das Universum, wie die Herkunft des Lebens, den Platz der Menschheit im größeren kosmischen Kontext und die Möglichkeit von intelligentem Leben außerhalb der Erde. Diese Fragen prägen unser Denken, unsere Philosophie und unsere Religionen.

6. **Technologische Innovation**:
- Die Menschheit ist für viele technologische Fortschritte verantwortlich, die sowohl positive

als auch negative Auswirkungen auf die Gesellschaft und die Umwelt haben. Diese Innovationen haben das Leben verändert, aber auch Herausforderungen wie Umweltverschmutzung und soziale Ungleichheit mit sich gebracht.

7. **Potenzial für das Überleben**:
- Die Fähigkeit der Menschheit, sich anzupassen und Technologien zu entwickeln, könnte entscheidend sein für das Überleben in einem sich

verändernden Universum. Die Suche nach anderen bewohnbaren Planeten und das Potenzial für interstellare Reisen sind Teil dieser Überlegungen.

Insgesamt spielt die Menschheit eine komplexe und vielschichtige Rolle im Universum, die sowohl Herausforderungen als auch Chancen beinhaltet. Die Art und Weise, wie wir diese Rolle wahrnehmen und gestalten, wird entscheidend für unsere Zukunft und die Zukunft des Planeten sein.

Kapitel 5: Realität

"Realität" ist ein Begriff, der sich auf die objektive Existenz von Dingen und Ereignissen bezieht, unabhängig von Wahrnehmung oder

Interpretation. Es umfasst die physische Welt sowie soziale und kulturelle Aspekte, die das menschliche Leben prägen. In der Philosophie wird die Realität oft von subjektiven Erfahrungen und Wahrnehmungen unterschieden, was zu Diskussionen über den Unterschied zwischen der objektiven und subjektiven Realität führt.

Der Begriff "Realitäten" kann in verschiedenen Kontexten unterschiedliche Bedeutungen haben. Hier sind einige Perspektiven, die verschiedene Arten von Realitäten umfassen:

1. **Physische Realität**: Die objektive Welt, die durch Naturgesetze und physikalische Phänomene bestimmt wird. Diese Realität ist unabhängig von menschlicher Wahrnehmung.

2. **Subjektive Realität**: Die individuelle Wahrnehmung und

Interpretation der Welt, die von persönlichen Erfahrungen, Emotionen und Meinungen geprägt ist. Jeder Mensch hat eine einzigartige Sichtweise auf die Realität.

3. **Soziale Realität**: Die von gesellschaftlichen Normen, Werten und Überzeugungen gestaltete Realität. Diese Realität wird durch Interaktionen und Beziehungen innerhalb einer Gemeinschaft oder

Gesellschaft beeinflusst.

4. **Kulturelle Realität**: Die Ansichten, Traditionen und Praktiken, die in einer bestimmten Kultur verbreitet sind. Kulturelle Realitäten können Unterschiede in der Wahrnehmung und Interpretation der Welt hervorrufen.

5. **Virtuelle Realität**: Eine computergenerierte Umgebung, die Benutzer in eine simulierte Welt

eintauchen lässt. Diese Realität wird häufig in Spielen, Simulationen und Trainingsanwendungen genutzt.

6. **Philosophische Realität**: In der Philosophie gibt es viele Debatten über die Natur der Realität, einschließlich Idealismus (die Idee, dass die Realität geistig ist) und Materialismus (die Überzeugung, dass die Realität materiell ist).

7. **Wissenschaftliche Realität**: Die

Realität, die durch empirische Beweise und wissenschaftliche Methoden erforscht wird. Diese Realität basiert auf überprüfbaren Daten und Theorien.

Jede dieser Realitäten hat ihre eigenen Merkmale und kann in verschiedenen Kontexten relevant sein.

Kapitel 6: Irrealität

Irrealität bezeichnet den Zustand oder die Eigenschaft, nicht real oder nicht existent zu sein. Der Begriff wird häufig in verschiedenen Kontexten verwendet:

1. **Philosophisch**: Irrealität kann sich auf Dinge beziehen, die nicht in der objektiven Realität verankert sind, wie Fantasie, Träume oder hypothetische Szenarien. Diese Konzepte existieren nicht in der

physischen Welt, sondern sind Produkte der Vorstellungskraft.

2. **Literarisch**: In der Literatur kann Irrealität verwendet werden, um unrealistische oder fantastische Elemente in Geschichten zu beschreiben, wie Magie, mythologische Wesen oder übernatürliche Ereignisse.

3. **Psychologisch**: In der Psychologie kann Irrealität auch auf

Wahrnehmungsverzerrungen hinweisen, bei denen Menschen die Realität nicht korrekt wahrnehmen oder erleben, wie bei bestimmten psychischen Störungen.

Insgesamt beschreibt Irrealität also alles, was außerhalb der anerkannten oder wahrnehmbaren Realität liegt.

Kapitel 7: Die Realität im Universum ist ein komplexes und vielschichtiges Konzept, das sowohl physikalische als auch philosophische Dimensionen umfasst.

Hier sind einige Aspekte, die die Realität im Universum beschreiben:

1. **Physikalische Gesetze**: Das Universum folgt bestimmten physikalischen Gesetzen, wie der Gravitation, der Thermodynamik und der Quantenmechanik. Diese Gesetze bestimmen, wie Materie und Energie interagieren und entwickeln sich über Raum und Zeit.

2. **Materie und Energie**: Das Universum besteht aus Materie (alles, was Masse hat) und Energie

(die Fähigkeit, Arbeit zu verrichten). Diese beiden Aspekte sind miteinander verknüpft, wie in Einsteins berühmter Formel $E=mc^2$ dargestellt.

3. **Raum und Zeit**: Raum und Zeit sind die Dimensionen, in denen das Universum existiert. Die Relativitätstheorie von Einstein zeigt, dass Raum und Zeit nicht unabhängig sind, sondern miteinander verwoben und relativ

sind.

4. **Multiversum-Theorie**: Einige Theorien in der modernen Physik schlagen vor, dass unser Universum nur eines von vielen Universen sein könnte, die zusammen als Multiversum bezeichnet werden. Jedes dieser Universen könnte unterschiedliche physikalische Gesetze und Konstanten haben.

5. **Bewusstsein und

Wahrnehmung: Die menschliche Wahrnehmung der Realität ist subjektiv und wird durch das Bewusstsein geprägt. Philosophische Ansätze wie der Idealismus stellen in Frage, ob die materielle Welt unabhängig von unserer Wahrnehmung existiert.

6. **Kosmologische Entwicklungen**: Das Universum hat sich seit dem Urknall vor etwa 13,8 Milliarden Jahren ständig verändert. Die

Expansion des Universums, die Bildung von Galaxien, Sternen und Planeten sowie die Entwicklung des Lebens sind Teil dieser kosmologischen Geschichte.

7. **Ungewissheit und Quantenmechanik**: Auf der kleinsten Skala, im Bereich der Quantenmechanik, ist die Realität von Ungewissheit geprägt. Teilchen können sich in Zuständen befinden, die nicht eindeutig sind, bis sie

gemessen werden.

Diese Punkte bieten einen Überblick über die Realität im Universum, die sowohl von objektiven physikalischen Gesetzen als auch von subjektiven menschlichen Erfahrungen geprägt ist.

Kapitel 8: Der Begriff "Irrealität" im Kontext des Universums kann viele Bedeutungen haben, je nach Perspektive und Interpretation.

Hier sind einige Ansätze, die darauf eingehen, was als "Irrealität" betrachtet werden könnte:

1. **Illusion der Wahrnehmung**:
Unsere Sinne können uns täuschen. Was wir als Realität wahrnehmen, ist oft eine Interpretation von Sinneseindrücken. Illusionen und optische Täuschungen zeigen, dass unsere Wahrnehmung nicht immer mit der objektiven Realität übereinstimmt.

2. **Philosophische Ansätze**: In der Philosophie gibt es Strömungen, die

die Existenz einer objektiven Realität in Frage stellen. Der Idealismus beispielsweise argumentiert, dass die materielle Welt eine Konstruktion des Bewusstseins ist, was die Vorstellung von einer unabhängigen Realität hinterfragt.

3. **Simulierte Realitäten**: Mit der Entwicklung der Technologie und der Virtual Reality stellt sich die Frage, ob unsere Realität nicht selbst eine

Art Simulation sein könnte. Einige Philosophen und Wissenschaftler, wie Nick Bostrom, haben die Hypothese aufgestellt, dass wir in einer von einer fortgeschrittenen Zivilisation geschaffenen Simulation leben könnten.

4. **Quantenungewissheit**: In der Quantenmechanik gibt es Phänomene, die gegen unsere intuitiven Vorstellungen von Realität verstoßen. Teilchen existieren in

Überlagerungszuständen und verhalten sich auf Weisen, die nicht mit klassischer Physik übereinstimmen. Dies führt zu Fragen über die Natur der Realität selbst.

5. **Traumzustände und Bewusstseinszustände**: Träume und veränderte Bewusstseinszustände (wie Meditation oder Drogeninduzierte Zustände) können uns Erfahrungen

bieten, die sich von der alltäglichen Realität unterscheiden und uns die Fragilität unserer Wahrnehmung vor Augen führen.

6. **Mythos und Fiktion**: In vielen Kulturen gibt es Geschichten und Mythen, die alternative Realitäten oder übernatürliche Erscheinungen beschreiben. Diese Narrative können als Formen von "Irrealität" angesehen werden, die auf menschlicher Vorstellungskraft

basieren und nicht auf empirischen Beweisen.

Die Idee der Irrealität im Universum regt zum Nachdenken über die Natur von Wahrnehmung, Bewusstsein und der fundamentalen Struktur der Realität an.

Kapitel 9: Der Unterschied zwischen Realität und Irrealität kann auf verschiedenen Ebenen betrachtet werden.

Hier sind einige grundlegende Aspekte, die die beiden Konzepte voneinander abgrenzen:

Realität

1. **Definition**: Realität bezieht sich auf das, was tatsächlich existiert oder passiert. Sie umfasst alles, was mit objektiven Wahrnehmungen und Erfahrungen übereinstimmt.

2. **Objektivität**: Realität ist oft unabhängig von individuellen Wahrnehmungen. Physikalische Gesetze und empirische Beweise

bestimmen, was als real angesehen wird.

3. **Wahrnehmung**: Die Realität wird durch unsere Sinne und wissenschaftliche Methoden wahrgenommen und untersucht. Sie kann überprüft und getestet werden.

4. **Konsistenz**: In der Realität gibt es konsistente Muster und Gesetzmäßigkeiten, die wiederholt beobachtet werden können, wie die

Schwerkraft oder die Gesetze der Thermodynamik.

Irrealität

1. **Definition**: Irrealität bezieht sich auf das, was nicht wirklich existiert oder nicht mit der objektiven Realität übereinstimmt. Dazu gehören Fantasie, Träume, Illusionen und hypothetische Konzepte.

2. **Subjektivität**: Irrealität ist oft

stark subjektiv und kann von individuellen oder kulturellen Vorstellungen abhängen. Sie ist nicht notwendigerweise durch empirische Beweise verifizierbar.

3. **Illusion und Täuschung**: Irrealität kann durch Täuschungen und Illusionen erzeugt werden, die unsere Wahrnehmung der Realität verzerren, wie optische Täuschungen oder psychologische Phänomene.

4. **Kreativität und Vorstellungskraft**: Irrealität umfasst kreative und imaginative Aspekte, wie Literatur, Kunst und Mythen, die alternative Welten und Möglichkeiten schaffen, die in der physischen Realität nicht existieren.

Fazit

Insgesamt liegt der Hauptunterschied zwischen Realität und Irrealität in der

Objektivität versus Subjektivität, in der Existenz versus Nichtexistenz sowie in der Konsistenz versus Variabilität. Realität basiert auf überprüfbaren Fakten und gemeinsamen Erfahrungen, während Irrealität auf individuellen Wahrnehmungen, Fantasien und theoretischen Konzepten beruht.

Kapitel 10: Die Unterscheidung zwischen einem realen Universum und einem unrealen Universum kann verschiedene Dimensionen haben.

Hier sind einige Ansätze, um diese Konzepte zu beleuchten:

Reales Universum

1. **Physikalische Existenz**: Das

reale Universum ist das, was wir durch empirische Beobachtungen und wissenschaftliche Methoden nachvollziehen können. Es umfasst alles, was physisch existiert, wie Materie, Energie, Raum und Zeit.

2. **Gesetze der Physik**: Im realen Universum gelten bestimmte universelle Gesetze, wie die Gesetze der Thermodynamik, der Gravitation und der Quantenmechanik, die die Wechselwirkungen von Materie und

Energie bestimmen.

3. **Konsistenz und Vorhersagbarkeit**: Das reale Universum zeigt konsistente Muster, die es ermöglichen, Phänomene vorherzusagen, z.B. die Bewegung der Planeten oder die chemischen Reaktionen.

4. **Wissenschaftliche Erkenntnisse**: Das Verständnis des realen Universums basiert auf

wissenschaftlichen Entdeckungen und Theorien, die durch Experimente und Beobachtungen gestützt werden.

Unrealem Universum

1. **Fiktionale Welten**: Ein unrealistisches Universum kann fiktionale oder imaginäre Welten umfassen, die in Literatur, Filmen oder Spielen existieren. Diese Welten können Gesetze und Logiken haben, die sich stark von der realen

Welt unterscheiden.

2. **Philosophische Konzepte**: Das unrealistische Universum kann auch philosophische Überlegungen zu Themen wie Simulationstheorien oder alternativen Realitäten umfassen. Diese Konzepte hinterfragen die Natur der Realität und ob es möglicherweise andere, nicht greifbare Universen gibt.

3. **Traum- und

Bewusstseinszustände:
Unrealistische Universen können auch durch Träume oder veränderte Bewusstseinszustände entstehen, in denen die Regeln der Physik und Logik nicht gelten.

4. **Symbolik und Metaphern**: In der Kunst und Literatur kann ein unrealistisches Universum als Symbol für menschliche Emotionen, gesellschaftliche Strukturen oder persönliche Erfahrungen fungieren,

die nicht direkt mit der physischen Realität verbunden sind.

Fazit

Der Hauptunterschied zwischen einem realen und einem unrealen Universum liegt in der Existenz und Erkennbarkeit durch empirische Beweise. Das reale Universum ist durch objektive, messbare Phänomene gekennzeichnet, während ein unrealistisches

Universum oft von subjektiven Erfahrungen, kreativen Erzählungen oder theoretischen Überlegungen geprägt ist. Beide Konzepte sind jedoch wertvoll, da sie unterschiedliche Perspektiven auf die Natur der Existenz und das menschliche Verständnis bieten.

Kapitel 11: Hier sind prägnante Definitionen für Realität und Irrealität:

Realität

Definition: Realität bezeichnet den Zustand oder die Gesamtheit dessen, was tatsächlich existiert oder passiert, unabhängig von individuellen Wahrnehmungen oder

Meinungen. Sie umfasst alle objektiven und messbaren Phänomene, die durch empirische Beobachtungen und wissenschaftliche Erkenntnisse verifiziert werden können.

Irrealität

Definition: Irrealität bezieht sich auf das, was nicht wirklich existiert oder nicht mit der objektiven Realität übereinstimmt. Sie umfasst Fantasie,

Illusionen, hypothetische Konzepte und fiktionale Welten, die oft durch subjektive Erfahrungen, kreative Vorstellungen oder philosophische Überlegungen geprägt sind.

Diese Definitionen helfen, die grundlegenden Unterschiede zwischen dem, was als real und was als unreal betrachtet wird, zu verstehen.

Kapitel 12: Menschen nehmen die Welt um sich mithilfe ihrer fünf Sinnesorgane wahr. Diese Sinnesorgane ermöglichen es, Informationen aus der Umgebung zu erfassen und zu verarbeiten.

Hier sind die fünf Sinnesorgane und ihre Rolle in der Wahrnehmung des Universums:

1. Sehen (Augen)
- **Funktion**: Die Augen nehmen Licht und Farben wahr. Sie ermöglichen es uns, Formen, Bewegungen und Entfernungen zu erkennen.
- **Bedeutung für die Wahrnehmung**: Sehen ist entscheidend, um die physische

Umgebung zu navigieren, Objekte zu identifizieren und visuelle Informationen zu interpretieren. Durch das Sehen können wir das Universum in seiner Vielfalt, von der Natur bis zu den Sternen, erleben.

2. Hören (Ohren)
- **Funktion**: Die Ohren nehmen Schallwellen wahr. Sie ermöglichen das Hören von Geräuschen, Musik und Sprache.
- **Bedeutung für die

Wahrnehmung**: Hören ist wichtig für die Kommunikation und das soziale Miteinander. Es hilft auch, akustische Signale aus der Umgebung zu verstehen, wie z.B. Warnungen oder Naturgeräusche.

3. Riechen (Nase)

- **Funktion**: Die Nase nimmt chemische Partikel in der Luft wahr, die als Gerüche interpretiert werden.
- **Bedeutung für die Wahrnehmung**: Riechen beeinflusst

unsere Wahrnehmung von Geschmack und kann Erinnerungen und Emotionen hervorrufen. Es hilft auch, Gefahren wie Rauch oder verdorbene Lebensmittel zu erkennen.

4. Schmecken (Zunge)

- **Funktion**: Die Zunge erkennt verschiedene Geschmäcker wie süß, sauer, salzig, bitter und umami.

- **Bedeutung für die Wahrnehmung**: Schmecken ist

entscheidend für die Nahrungsaufnahme und die Genussfähigkeit von Speisen. Es spielt auch eine Rolle bei der Unterscheidung zwischen Nahrungsmitteln, die gesund oder schädlich sein können.

5. Tasten (Haut)

- **Funktion**: Die Haut nimmt Druck, Temperatur, Vibration und Schmerz wahr.
- **Bedeutung für die

Wahrnehmung**: Tasten ermöglicht es uns, physische Interaktionen mit der Umwelt zu erleben, wie das Fühlen von Texturen oder Temperaturen. Es spielt eine wichtige Rolle in der emotionalen und sozialen Kommunikation, wie z.B. durch Berührungen.

Wahrnehmung im Universum

Die fünf Sinne ermöglichen es Menschen, Informationen über das

Universum zu sammeln und zu verarbeiten. Diese Wahrnehmung ist jedoch subjektiv und kann durch verschiedene Faktoren wie kulturelle Hintergründe, individuelle Erfahrungen und physiologische Unterschiede beeinflusst werden.

Zusätzlich sind unsere Sinne in der Lage, nur einen Teil der physikalischen Realität wahrzunehmen. Viele Phänomene (wie elektromagnetische Wellen jenseits des sichtbaren Spektrums) bleiben uns verborgen, was bedeutet, dass unsere Wahrnehmung des Universums immer unvollständig und teilweise ist. Der Einsatz von Technologien (wie Teleskopen oder Mikroskopen) erweitert jedoch unsere Wahrnehmungsmöglichkeiten und ermöglicht einen tieferen Einblick in die Strukturen und Prozesse des Universums.

Kapitel 13: Wissen, Denken und Analysieren sind entscheidende Fähigkeiten, die im Universum von großer Bedeutung sind, sowohl für das individuelle Überleben und das Verständnis als auch für die Entwicklung der Menschheit als Ganzes.

Hier sind einige Gründe, warum diese Fähigkeiten wichtig sind:

1. **Wissen**

- **Verständnis der Welt**: Wissen ermöglicht es uns, die Gesetze der Natur, physikalische Phänomene und die Funktionsweise des Universums zu verstehen. Es hilft uns, Zusammenhänge zu erkennen und die Welt um uns herum zu interpretieren.
- **Technologischer Fortschritt**:

Wissenschaftliches Wissen hat zu technologischen Entwicklungen geführt, die unser Leben verbessert haben – von medizinischen Fortschritten bis hin zu Kommunikations- und Transporttechnologien.
- **Entscheidungsfindung**: Wissen hilft uns, informierte Entscheidungen zu treffen, sei es im Alltag, in der Politik oder in der Wirtschaft.

2. **Denken**

- **Kritisches Denken**: Die Fähigkeit, Informationen zu bewerten, zu hinterfragen und eigene Schlüsse zu ziehen, ist entscheidend, um Fehlinformationen und Manipulationen zu erkennen. Kritisches Denken fördert rationales Handeln.

- **Kreativität**: Denken ermöglicht es, neue Ideen zu entwickeln, Probleme innovativ zu lösen und neue Perspektiven zu entdecken. Kreativität ist in Wissenschaft, Kunst und vielen anderen Bereichen von zentraler Bedeutung.

- **Ethik und Moral**: Denken hilft uns, ethische und moralische Fragen zu reflektieren, was für das Zusammenleben in komplexen Gesellschaften unerlässlich ist.

3. **Analysieren**
- **Problemlösung**: Analytische Fähigkeiten sind entscheidend für die Identifizierung von Problemen, das Zerlegen komplexer Situationen in

verständliche Teile und die Entwicklung von Lösungen.

- **Dateninterpretation**: In einer Welt, die zunehmend von Daten geprägt ist, ist die Fähigkeit, Informationen zu analysieren und daraus Schlüsse zu ziehen, wichtig für Wissenschaft, Wirtschaft, Medizin und viele andere Bereiche.

- **Vorhersage von Trends**: Durch Analyse können Muster erkannt und zukünftige Entwicklungen vorhergesagt werden, was in vielen

Bereichen, von der Wissenschaft bis zur Wirtschaft, von Bedeutung ist.

Fazit

Insgesamt sind Wissen, Denken und Analysieren nicht nur für das Individuum, sondern auch für die Gesellschaft und die Menschheit als Ganzes von zentraler Bedeutung. Sie ermöglichen es uns, die Welt um uns herum zu verstehen, informierte Entscheidungen zu treffen, innovative Lösungen zu finden und die Herausforderungen des Lebens im Universum zu meistern. Diese Fähigkeiten tragen dazu bei, das menschliche Potenzial zu entfalten und eine nachhaltige und gerechte Zukunft zu gestalten.

Kapitel 14: Ethik ist ein Teilbereich der Philosophie, der sich mit dem moralischen Handeln und den

Prinzipien des Guten und Schlechten beschäftigt.

Sie untersucht, was als richtig oder falsch angesehen wird und welche Werte und Normen das menschliche Verhalten leiten sollten. Ethik beschäftigt sich auch mit Fragen von Verantwortung, Gerechtigkeit und dem idealen Zusammenleben in Gemeinschaften.

Es gibt verschiedene ethische Theorien, darunter:

1. **Deontologie**: Fokussiert auf Regeln und Pflichten, unabhängig von den Konsequenzen.

2. **Utilitarismus**: Bewertet Handlungen nach ihren Folgen und strebt das größtmögliche Glück für die größtmögliche Anzahl an.

3. **Tugendethik**: Konzentriert sich auf die Charaktereigenschaften und Tugenden des Individuums.

Ethik findet Anwendung in vielen

Bereichen, darunter Medizin, Wirtschaft, Umwelt und persönliche Beziehungen, und spielt eine wichtige Rolle in der Entscheidungsfindung.

Universelle Ethik bezieht sich auf ethische Prinzipien und Werte, die als allgemein gültig und anwendbar für alle Menschen angesehen werden, unabhängig von Kultur, Religion oder individuellen Überzeugungen. Diese Ethik strebt danach, grundlegende moralische Standards zu definieren, die universell akzeptiert werden können.

Merkmale der universellen Ethik:

1. **Allgemeingültigkeit**: Die Prinzipien gelten für alle Menschen, unabhängig von ihrem kulturellen oder sozialen Hintergrund.

2. **Menschenwürde**: Der Respekt vor der Würde jedes Einzelnen ist ein

zentrales Element.

3. **Gleichheit und Gerechtigkeit**: Universelle Ethik betont die Gleichheit aller Menschen und das Streben nach gerechtem Handeln.

4. **Verantwortung**: Individuen sind verantwortlich für ihre Handlungen und deren Auswirkungen auf andere.

5. **Empathie und Mitgefühl**: Die Fähigkeit, sich in die Lage anderer zu

versetzen und deren Bedürfnisse zu erkennen, ist grundlegend.

Beispiele:

- Die **Allgemeine Erklärung der Menschenrechte** der Vereinten Nationen gilt als ein Beispiel für universelle ethische Prinzipien.
- Philosophische Ansätze wie die von Immanuel Kant, der die Idee des kategorischen Imperativs formulierte, der besagt, dass man nur nach der

Maxime handeln sollte, die man auch für ein allgemeines Gesetz halten könnte.

Universelle Ethik wird oft in Diskussionen über globale Herausforderungen wie Menschenrechte, Umweltfragen und soziale Gerechtigkeit herangezogen.

Kapitel 15: Die Begriffe Realität, Umwelt und Universum beziehen

sich auf verschiedene, aber miteinander verbundene Konzepte:

Realität

Realität umfasst alles, was existiert, unabhängig davon, ob es wahrgenommen oder verstanden wird. Sie schließt physische Objekte, Ereignisse, Gedanken, Gefühle und soziale Strukturen ein. In der Philosophie wird zwischen der objektiven Realität (die unabhängig von menschlichem Bewusstsein existiert) und der subjektiven Realität (wie Individuen die Welt wahrnehmen und interpretieren) unterschieden.

Umwelt

Die Umwelt bezieht sich auf die Gesamtheit der äußeren Bedingungen und Einflüsse, die das

Leben von Organismen beeinflussen. Dies schließt sowohl die natürliche Umgebung (wie Luft, Wasser, Pflanzen und Tiere) als auch die vom Menschen geschaffene Umgebung (wie Städte, Infrastruktur und soziale Systeme) ein. Umweltfragen sind zentral in der Diskussion um Nachhaltigkeit, Biodiversität und Klimawandel.

Universum

Das Universum ist der umfassendste Begriff und bezeichnet die Gesamtheit von Raum, Zeit, Materie und Energie. Es umfasst alles, was existiert, einschließlich Galaxien, Sterne, Planeten und die fundamentalen physikalischen Gesetze, die diese Strukturen regieren. Das Universum ist Gegenstand vieler wissenschaftlicher Disziplinen, insbesondere der Astronomie und der Physik.

Verbindungen

- **Realität und Umwelt**: Die Umwelt ist ein Teil der Realität, der durch menschliche Erfahrungen und Interaktionen geprägt wird. Wie wir unsere Umwelt wahrnehmen und mit ihr interagieren, beeinflusst unser Verständnis der Realität.

- **Umwelt und Universum**: Die Erde und ihre Umwelt sind Teil des

Universums. Unsere physische Umgebung ist das Ergebnis kosmischer Prozesse, die über Milliarden von Jahren stattgefunden haben.

- **Realität und Universum**: Unser Verständnis des Universums bildet die Grundlage für viele philosophische und wissenschaftliche Überlegungen zur Realität. Fragen nach der Natur des Universums und unserer Position darin sind zentrale

Themen in der Wissenschaftsphilosophie.

zusammengefasst sind diese Konzepte eng miteinander verbunden und bilden die Basis für unser Verständnis von Existenz, Leben und dem Platz des Menschen im größeren Zusammenhang.

Nachhaltigkeit ist ein Konzept, das darauf abzielt, Ressourcen so zu nutzen, dass die Bedürfnisse der gegenwärtigen Generationen erfüllt werden, ohne die Fähigkeit zukünftiger Generationen zu gefährden, ihre eigenen Bedürfnisse zu decken. Es umfasst ökologische, soziale und wirtschaftliche Dimensionen und wird oft in drei Hauptsäulen unterteilt:

1. Ökologische Nachhaltigkeit

Diese Dimension konzentriert sich auf den Erhalt der natürlichen

Ressourcen und der biologischen Vielfalt. Ziele sind:

- Schutz von Ökosystemen und Artenvielfalt
- Reduzierung von Umweltverschmutzung und Abfall
- Förderung erneuerbarer Energiequellen und nachhaltiger Landwirtschaft

2. Soziale Nachhaltigkeit

Hierbei geht es um die Verbesserung der Lebensqualität und die

Förderung sozialer Gerechtigkeit. Wichtige Aspekte sind:

- Gleichheit und Chancengleichheit
- Zugang zu Bildung, Gesundheitsversorgung und sozialen Dienstleistungen
- Beteiligung der Gemeinschaft und Förderung sozialer Kohäsion

3. Wirtschaftliche Nachhaltigkeit

Diese Dimension zielt darauf ab, wirtschaftliches Wachstum so zu gestalten, dass es umweltfreundlich und sozial verantwortlich ist. Dazu gehören:

- Förderung nachhaltiger Geschäftspraktiken
- Investitionen in grüne Technologien und Innovationen
- Langfristige wirtschaftliche Stabilität und Resilienz

Bedeutung der Nachhaltigkeit

Nachhaltigkeit ist wichtig, um:

- Die Erde für zukünftige Generationen lebenswert zu erhalten

- Die Auswirkungen des Klimawandels zu minimieren

- Ressourcen gerecht zu verteilen und soziale Konflikte zu vermeiden

Praktische Ansätze

Um Nachhaltigkeit zu fördern, können Einzelpersonen, Unternehmen und Regierungen folgende Schritte unternehmen:

- Reduzierung des Energieverbrauchs und der CO_2-Emissionen

- Verwendung von recycelbaren Materialien und Minimierung von Abfall

- Förderung nachhaltiger Transportmittel (z.B. öffentliche Verkehrsmittel, Radfahren)

- Unterstützung lokaler und nachhaltiger Produkte

Nachhaltigkeit ist ein komplexes, aber unerlässliches Ziel, das eine ganzheitliche Herangehensweise erfordert, um langfristige Lösungen für die Herausforderungen unserer Zeit zu finden.

Biodiversität, oder biologische Vielfalt, bezeichnet die Vielfalt des Lebens auf der Erde. Sie umfasst die Vielfalt der Arten, die genetische Vielfalt innerhalb dieser Arten und die Vielfalt der Ökosysteme, in denen diese Arten leben. Biodiversität ist entscheidend für das Funktionieren der Ökosysteme und bietet zahlreiche Vorteile für die Menschheit.

Dimensionen der Biodiversität

1. **Artenvielfalt**:
- Bezieht sich auf die Anzahl und Vielfalt der Arten in einem bestimmten Lebensraum oder auf der Erde insgesamt.
- Hohe Artenvielfalt trägt zur Stabilität und Resilienz von Ökosystemen bei.

2. **Genetische Vielfalt**:

- Bezieht sich auf die genetische Variation innerhalb einer Art.

- Diese Vielfalt ist wichtig für die Anpassungsfähigkeit einer Art an Veränderungen in der Umwelt, wie Krankheiten oder Klimawandel.

3. **Ökosystemvielfalt**:

- Bezieht sich auf die Vielfalt der Lebensräume und Ökosysteme (z.B. Wälder, Meere, Wüsten).

- Jedes Ökosystem hat einzigartige

Funktionen und bietet unterschiedliche Dienstleistungen, wie Luft- und Wasserreinigung, Bestäubung und Kohlenstoffspeicherung.

Bedeutung der Biodiversität

- **Ökologische Stabilität**: Höhere Biodiversität steigert die Resilienz von Ökosystemen, sodass sie besser auf Störungen reagieren können, wie extreme Wetterereignisse oder menschliche Eingriffe.

- **Ressourcennutzung**: Viele wirtschaftliche Aktivitäten, wie Landwirtschaft, Fischerei und Forstwirtschaft, hängen von einer gesunden Biodiversität ab.

- **Kulturelle Werte**: Biodiversität hat auch kulturelle und ästhetische Bedeutung. Viele Kulturen sind mit bestimmten Arten und Ökosystemen verbunden und schätzen deren

Schönheit und Bedeutung.

- **Medizinische Ressourcen**: Viele Medikamente werden aus Pflanzen und Tieren gewonnen; eine hohe Biodiversität kann die Entdeckung neuer Heilmittel fördern.

Bedrohungen der Biodiversität

Die Biodiversität steht weltweit unter Druck durch:

- **Habitat Zerstörung**: Urbanisierung, Landwirtschaft und Infrastrukturprojekte zerstören natürliche Lebensräume.
- **Klimawandel**: Veränderungen in Temperatur und Niederschlag beeinflussen Lebensräume und Artenverbreitung.
- **Übernutzung**: Überfischung, Überjagung und unsachgemäße Ressourcennutzung führen zur Gefährdung von Arten.
- **Invasive Arten**: Nicht heimische

Arten können einheimische Arten verdrängen und Ökosysteme destabilisieren.

- **Verschmutzung**: Chemikalien, Plastik und andere Schadstoffe schädigen Lebensräume und Organismen.

Schutz der Biodiversität

Um die Biodiversität zu erhalten, sind verschiedene Maßnahmen erforderlich:

- **Schutzgebiete**: Einrichtung und Pflege von Nationalparks und Naturschutzgebieten.
- **Nachhaltige Praktiken**: Förderung nachhaltiger Landwirtschaft, Fischerei und Forstwirtschaft.
- **Bildung und Sensibilisierung**: Aufklärung der Öffentlichkeit über die Bedeutung der Biodiversität und deren Schutz.
- **Gesetzgebung**:

Implementierung und Durchsetzung von Gesetzen und internationalen Abkommen zum Schutz gefährdeter Arten und Lebensräume.

Die Erhaltung der Biodiversität ist entscheidend für das Wohlergehen der Erde und zukünftiger Generationen.

Klimawandel bezieht sich auf langfristige Veränderungen in den globalen oder regionalen

Klimamustern. Diese Veränderungen können natürliche Ursachen haben, werden jedoch in der heutigen Zeit hauptsächlich durch menschliche Aktivitäten verursacht. Hier sind die wichtigsten Aspekte des Klimawandels:

Ursachen des Klimawandels

1. **Treibhausgasemissionen**: Die Verbrennung fossiler Brennstoffe (Kohle, Öl und Erdgas) zur

Energiegewinnung, im Verkehr und in der Industrie führt zur Freisetzung von Treibhausgasen wie Kohlendioxid (CO_2), Methan (CH_4) und Stickstoffoxid (N_2O). Diese Gase fangen Wärme in der Erdatmosphäre ein und führen zu einem Anstieg der globalen Temperaturen.

2. **Entwaldung**: Wälder spielen eine wichtige Rolle bei der Kohlenstoffbindung. Das Abholzen von Wäldern für Landwirtschaft,

Urbanisierung und andere Zwecke reduziert die Menge an CO2, die aus der Atmosphäre entfernt werden kann.

3. **Industrielle Prozesse**: Einige industrielle Aktivitäten setzen direkte Treibhausgase frei oder tragen zur Zerstörung von Ökosystemen bei, die CO2 speichern.

Auswirkungen des Klimawandels

1. **Temperaturerhöhung**: Die Durchschnittstemperaturen weltweit steigen, was zu häufigeren und intensiveren Hitzewellen führt.

2. **Extremwetterereignisse**: Der Klimawandel erhöht die Häufigkeit und Intensität von Extremwetterereignissen wie Stürmen, Überschwemmungen, Dürren und Waldbränden.

3. **Schmelzen der Pole und

Gletscher: Die Erhöhung der globalen Temperaturen führt zum Schmelzen von Eiskappen und Gletschern, was den Meeresspiegel ansteigen lässt.

4. **Meeresspiegelanstieg**: Der Anstieg des Meeresspiegels bedroht Küstengebiete und kann zu Überschwemmungen und Verlust von Lebensraum führen.

5. **Ökosystemveränderungen**:

Viele Arten sind durch den Klimawandel bedroht, da sich ihre Lebensräume verändern oder sie nicht schnell genug anpassen können.

6. **Einfluss auf die Landwirtschaft**: Veränderungen in Temperatur und Niederschlagmuster können die landwirtschaftliche Produktivität beeinträchtigen, was zu Nahrungsmittelknappheit führen

kann.

Maßnahmen gegen den Klimawandel

1. **Reduzierung der Treibhausgasemissionen**: Umstellung auf erneuerbare Energien (z.B. Solar, Wind, Wasserkraft), Verbesserung der Energieeffizienz und Förderung

nachhaltiger Verkehrsmittel.

2. **Aufforstung und Waldschutz**: Pflanzung neuer Bäume und Schutz bestehender Wälder zur Erhöhung der Kohlenstoffbindung.

3. **Nachhaltige Landwirtschaft**: Förderung von Praktiken, die den Boden schützen, die Biodiversität erhalten und die Emissionen reduzieren.

4. **Politische Maßnahmen**: Implementierung internationaler Abkommen wie dem Pariser Klimaabkommen, das Länder dazu verpflichtet, ihre Emissionen zu reduzieren und Maßnahmen zur Anpassung an den Klimawandel zu ergreifen.

5. **Bildung und Sensibilisierung**: Aufklärung der Öffentlichkeit über die Ursachen, Auswirkungen und Lösungen des Klimawandels.

Fazit

Der Klimawandel stellt eine der größten Herausforderungen unserer Zeit dar. Er erfordert globale Zusammenarbeit und umfassende Maßnahmen auf individueller, politischer und wirtschaftlicher Ebene, um die schlimmsten Auswirkungen zu verhindern und eine nachhaltige Zukunft zu sichern.

Kapitel 16: Die Gleichung (F = mc^2)

ist eine berühmte Formel von Albert

Einstein, die in der speziellen Relativitätstheorie vorkommt.

Sie beschreibt die Beziehung zwischen Masse (m), Lichtgeschwindigkeit (c) und Energie (E). Obwohl die Formel oft in der Form (E = mc^2) zitiert wird, ist es wichtig, beide Aspekte zu betrachten.

Bedeutung für die Realität

1. **Energie-Masse-Äquivalenz**:

- Die Gleichung zeigt, dass Masse und Energie zwei Seiten derselben Medaille sind. Massives Material kann in Energie umgewandelt werden und umgekehrt. Dies hat fundamentale Auswirkungen auf die Physik, von der Kernenergie bis zur Astrophysik.

2. **Kernphysik**:

- Die Formel ist grundlegend für das

Verständnis von Kernreaktionen, wie sie in der Sonne und in Kernkraftwerken stattfinden. Sie erklärt, wie bei der Kernspaltung und -fusion enorme Energiemengen freigesetzt werden.

3. **Relativitätstheorie**:
- Die Gleichung ist ein zentrales Element der Relativitätstheorie, die unser Verständnis von Raum und Zeit revolutioniert hat. Sie zeigt, dass Raum und Zeit nicht absolut sind,

sondern relativ und miteinander verbunden.

4. **Technologische Anwendungen**:

- Die Konzepte, die aus dieser Gleichung hervorgehen, haben zahlreiche technologische Entwicklungen ermöglicht, einschließlich der Entwicklung von Technologien wie MRI (Magnetresonanztomographie) und Teilchenbeschleunigern.

Bedeutung für die Irrealität

1. **Hypothetische Implikationen**:
- In der Philosophie könnte man diskutieren, wie die Konzepte von Masse und Energie unsere Vorstellungen von Realität und Irrealität beeinflussen. Wenn Masse in Energie umgewandelt werden kann, könnte man hypothetisch argumentieren, dass die physische Realität nicht so fest ist, wie sie scheint.

2. **Konzepte der Existenz**:

- Die Idee, dass Energie und Materie in verschiedenen Formen existieren können, könnte philosophische Diskussionen über die Natur der Existenz und die Grenzen der menschlichen Wahrnehmung anstoßen. Was ist "real", wenn alles letztlich aus Energie besteht?

3. **Fiktion und Spekulation**:
- In der Science-Fiction wird oft mit

der Idee gespielt, dass durch die Manipulation von Masse und Energie neue Realitäten oder Dimensionen geschaffen werden können. Diese Erzählungen können die Grenzen zwischen Realität und Irrealität verwischen.

Fazit

Die Gleichung ($F = mc^2$) hat tiefgreifende Auswirkungen auf unser Verständnis der physikalischen

Realität, indem sie die Beziehung zwischen Masse und Energie aufdeckt. Gleichzeitig bietet sie einen fruchtbaren Boden für philosophische Überlegungen über die Natur der Realität und Irrealität, indem sie Fragen aufwirft, die über die physische Welt hinausgehen.

Kapitel 17: Haydar Toraman's Realität Theorie

Haydar Toraman's Theorie unterscheidet zwischen realen und nicht realen Entitäten, wobei er die Konzepte von Atomen, Planeten, Sternen und Galaxien als real betrachtet, da sie Zeit und Raum haben. In dieser Sichtweise sind diese physikalischen Objekte messbar und sichtbar.

Im Gegensatz dazu beschreibt er nicht sichtbare und nicht messbare Dinge als nicht real, da sie keinen Bezug zu Zeit und Raum haben. Diese Unterscheidung könnte auf philosophische Überlegungen zur Natur der Realität und Wahrnehmung hinweisen.

Der Unterschied zwischen Realität und Irrealität kann auf verschiedenen Ebenen betrachtet werden. Hier sind einige grundlegende Aspekte, die die beiden Konzepte voneinander abgrenzen:

Realität

1. **Definition**: Realität bezieht sich auf das, was tatsächlich existiert oder passiert. Sie umfasst alles, was mit

objektiven Wahrnehmungen und Erfahrungen übereinstimmt.

2. **Objektivität**: Realität ist oft unabhängig von individuellen Wahrnehmungen. Physikalische Gesetze und empirische Beweise bestimmen, was als real angesehen wird.

3. **Wahrnehmung**: Die Realität wird durch unsere Sinne und wissenschaftliche Methoden

wahrgenommen und untersucht. Sie kann überprüft und getestet werden.

4. **Konsistenz**: In der Realität gibt es konsistente Muster und Gesetzmäßigkeiten, die wiederholt beobachtet werden können, wie die Schwerkraft oder die Gesetze der Thermodynamik.

Irrealität

1. **Definition**: Irrealität bezieht sich auf das, was nicht wirklich existiert oder nicht mit der objektiven Realität übereinstimmt. Dazu gehören Fantasie, Träume, Illusionen und hypothetische Konzepte.

2. **Subjektivität**: Irrealität ist oft stark subjektiv und kann von individuellen oder kulturellen Vorstellungen abhängen. Sie ist nicht

notwendigerweise durch empirische Beweise verifizierbar.

3. **Illusion und Täuschung**: Irrealität kann durch Täuschungen und Illusionen erzeugt werden, die unsere Wahrnehmung der Realität verzerren, wie optische Täuschungen oder psychologische Phänomene.

4. **Kreativität und Vorstellungskraft**: Irrealität umfasst kreative und imaginative Aspekte,

wie Literatur, Kunst und Mythen, die alternative Welten und Möglichkeiten schaffen, die in der physischen Realität nicht existieren.

Fazit

Insgesamt liegt der Hauptunterschied zwischen Realität und Irrealität in der Objektivität versus Subjektivität, in der Existenz versus Nichtexistenz sowie in der Konsistenz versus Variabilität. Realität basiert auf überprüfbaren Fakten und gemeinsamen Erfahrungen, während Irrealität auf individuellen Wahrnehmungen, Fantasien und theoretischen Konzepten beruht.

Haydar Toraman's Theorie hat einige interessante Implikationen für unser Verständnis des Universums:

1. **Einteilung der Realität**:
- Die Unterscheidung zwischen

realen und nicht realen Entitäten könnte dazu beitragen, wie wir das Universum betrachten. Reale Objekte wie Atome, Planeten und Sterne sind Teil des physischen Universums, das wir beobachten und untersuchen können. Non-reale Entitäten könnten Konzepte oder Phänomene darstellen, die über unser derzeitiges Verständnis hinausgehen oder für die es keine empirischen Beweise gibt.

2. **Raum und Zeit**:

- Indem er betont, dass reale Objekte Raum und Zeit haben, könnte Toraman darauf hinweisen, dass das Universum eine bestimmte Struktur und Ordnung aufweist. Diese Struktur ist entscheidend für die physikalischen Gesetze, die unser Universum beschreiben, wie Gravitation und Relativitätstheorie.

3. **Grenzen des Wissens**:

- Die Theorie könnte auch die

Grenzen unseres Wissens und unserer Wahrnehmung reflektieren. Es gibt viele Phänomene im Universum, die wir noch nicht vollständig verstehen oder messen können, wie dunkle Materie oder dunkle Energie. Diese könnten als "nicht real" im Sinne von Toraman betrachtet werden, obwohl sie eine bedeutende Rolle im Universum spielen.

4. **Philosophische Implikationen**:

- Toraman's Sichtweise könnte auch philosophische Fragen aufwerfen, wie die Natur der Realität selbst. Was ist real? Wie definieren wir Existenz? Diese Fragen sind zentral für die Kosmologie und die Metaphysik und können unser Verständnis des Universums tiefgreifend beeinflussen.

5. **Einfluss auf die Wissenschaft**:
- Wenn man die Welt in reale und nicht reale Elemente unterteilt,

könnte dies auch die Art und Weise beeinflussen, wie Wissenschaftler Hypothesen formulieren und Theorien entwickeln. Wissenschaftler könnten dazu angeregt werden, über die Grenzen messbarer Phänomene hinaus zu denken und neue Ansätze zur Untersuchung des Universums zu entwickeln.

Zusammenfassend lässt sich sagen, dass Toraman's Theorie eine tiefere Reflexion über die Natur des

Universums anregen kann, indem sie sowohl die physikalischen Aspekte als auch die philosophischen Überlegungen zur Realität und Wahrnehmung berücksichtigt. Dies könnte zu einem erweiterten Verständnis der komplexen Strukturen und Phänomene im Universum führen.

Haydar Toraman's Theorie, die zwischen sichtbaren (realen) und nicht sichtbaren (nicht realen)

Entitäten unterscheidet, hat einige tiefgreifende Implikationen:

1. **Sichtbare Informationen**:
- Reale Entitäten, wie Atome, Planeten und Sterne, sind durch physikalische Eigenschaften und Phänomene messbar und beobachtbar. Diese Objekte liefern uns Informationen, die wir durch wissenschaftliche Methoden erfassen können. Ihre Eigenschaften können quantifiziert werden, und sie sind Teil

von Theorien, die die physikalische Welt erklären.

2. **Nicht sichtbare Informationen**:

- Nicht sichtbare Entitäten hingegen könnten Konzepte oder Phänomene darstellen, die nicht direkt beobachtet oder gemessen werden können. Diese könnten beispielsweise theoretische Konstrukte in der Physik, wie dunkle Materie oder die Struktur des Raumes auf subatomarer Ebene, umfassen.

Obwohl diese Entitäten nicht direkt sichtbar sind, könnten sie dennoch bedeutende Informationen über das Universum liefern, die durch indirekte Beobachtungen oder mathematische Modelle erschlossen werden.

3. **Dualität der Realität**:
- Toraman's Theorie könnte eine Art Dualität der Realität darstellen: Einerseits die greifbare, messbare Welt der sichtbaren Entitäten und andererseits die abstrakte,

möglicherweise theoretische Welt der nicht sichtbaren Entitäten. Dies könnte ein tieferes Verständnis der Komplexität des Universums fördern, indem es die Beziehung zwischen messbaren Phänomenen und den zugrunde liegenden Prinzipien oder Theorien untersucht.

4. **Wissenschaftliche Implikationen**:
- In der Wissenschaft ist es oft notwendig, Hypothesen über nicht

sichtbare Entitäten aufzustellen, um Phänomene zu erklären, die wir beobachten. Zum Beispiel wird die Existenz von dunkler Materie postuliert, um die Bewegungen von Galaxien zu erklären, auch wenn sie nicht direkt sichtbar ist. Diese Annahme könnte als nicht sichtbare Information betrachtet werden, die für unser Verständnis des Universums entscheidend ist.

5. **Philosophische Überlegungen**:

- Die Theorie regt auch zu philosophischen Überlegungen an: Was bedeutet es, etwas als "real" oder "nicht real" zu klassifizieren? Wie beeinflusst unser Wissen über sichtbare und nicht sichtbare Entitäten unsere Auffassung von Realität und Existenz?

Insgesamt bietet Toraman's Unterscheidung zwischen sichtbaren und nicht sichtbaren Entitäten einen Rahmen, um über die verschiedenen

Arten von Informationen nachzudenken, die wir über das Universum erhalten, und darüber, wie unser Wissen und unsere Wahrnehmung von der Realität geformt werden.

Haydar Toraman's Theorie, die besagt, dass ein unrealistisches Universum in ein realistisches Universum gewechselt hat, kann mehrere interessante Aspekte der

Realität und der Wahrnehmung thematisieren:

1. **Transformation der Realität**:

- Diese Idee könnte darauf hindeuten, dass es einen Übergang oder eine Entwicklung von einer Ebene der Existenz oder Wahrnehmung zu einer anderen gibt. Möglicherweise bezieht sich dies auf den Fortschritt des menschlichen Wissens, von mythologischen oder spekulativen Vorstellungen (unreal) zu empirisch fundierten, wissenschaftlichen Erkenntnissen (real).

2. **Philosophische Implikationen**:
- Der Wechsel von einem unrealen zu einem realen Universum könnte philosophische Fragen aufwerfen, z. B. was wir als "real" betrachten und wie sich diese Auffassung im Laufe

der Zeit verändert hat. Historisch gesehen haben sich viele Weltanschauungen entwickelt, die von Religion, Mythologie und Philosophie zu wissenschaftlichen Erklärungen übergegangen sind.

3. **Wissenschaftliche Perspektive**:
- In einem wissenschaftlichen Kontext könnte der Wechsel auch darauf hindeuten, dass neue Entdeckungen und Technologien unser Verständnis des Universums

revolutionieren. Dinge, die einst als unreal oder hypothetisch galten, können durch neue Technologien und Theorien zur Realität werden.

4. **Kognitive Entwicklung**:
- Der Gedanke, dass das Universum von unrealistisch zu real wechselt, könnte auch die kognitive Entwicklung der Menschheit betreffen. Diese Entwicklung könnte bedeuten, dass Menschen lernen, die Welt durch evidenzbasierte

Ansätze zu interpretieren, anstatt sich auf spekulative oder nicht überprüfbare Vorstellungen zu stützen.

5. **Metaphysische Überlegungen**:
- Diese Theorie könnte auch metaphysische Dimensionen ansprechen. Gibt es möglicherweise Dimensionen oder Realitäten, die wir noch nicht vollständig erfassen können? Wenn das unrealistische Universum als eine Art potenzieller

Realität angesehen wird, könnte der Übergang in ein realistisches Universum bedeuten, dass wir beginnen, diese potenziellen Realitäten zu erkennen und zu verstehen.

Insgesamt regt Toraman's Theorie dazu an, über die Evolution unseres Verständnisses des Universums nachzudenken und darüber, wie sich unsere Wahrnehmung von Realität im Laufe der Zeit verändert. Sie bietet einen Rahmen, um die Beziehung zwischen Wissen, Wahrnehmung und der Natur der Realität zu erkunden.

Die Vorstellung, dass das Universum zwischen einem unrealistischen und einem realistischen Zustand wechselt oder sich wiederholt, bringt einige faszinierende Konzepte und Implikationen mit sich:

1. **Zyklen der Realität**:

- Diese Idee könnte darauf hindeuten, dass das Universum in Zyklen existiert, in denen jede Phase unterschiedliche Eigenschaften oder Wahrnehmungen der Realität hat. Dies könnte analog zu Konzepten in verschiedenen Philosophien oder Religionen sein, die Zyklen von Schöpfung und Zerstörung oder von Evolution und Rückkehr beschreiben.

2. **Evolution des Bewusstseins**:

- Der Wechsel zwischen unrealistisch und realistisch könnte auch mit der Entwicklung des menschlichen Bewusstseins und Wissens verbunden sein. In Phasen, in denen unser Verständnis der Welt begrenzt ist, könnten wir eine "unrealistische" Sichtweise haben, während Fortschritte in Wissenschaft und Technologie uns zu einer realistischeren Perspektive führen.

3. **Philosophische Reflexion**:

- Diese Theorie regt zur Reflexion über die Natur der Realität und die Grenzen unseres Wissens an. Was bedeutet es, wenn wir sagen, etwas sei "unrealistisch"? Wie beeinflussen unsere Wahrnehmungen und Interpretationen das, was wir als real ansehen?

4. **Kreative und wissenschaftliche Prozesse**:

- In kreativen und wissenschaftlichen

Prozessen könnte es Phasen geben, in denen Ideen als unrealistisch gelten, bevor sie akzeptiert oder verwirklicht werden. Dieser Wechsel könnte den Innovationsprozess widerspiegeln, bei dem neue, zunächst als absurd geltende Ideen letztlich in die Realität umgesetzt werden.

5. **Metaphysische und kosmologische Überlegungen**:
- Die Vorstellung von einem

Universum, das zwischen verschiedenen Zuständen wechselt, könnte auch metaphysische Fragestellungen aufwerfen: Gibt es ein höheres Prinzip oder eine zugrunde liegende Ordnung, die diese Zyklen steuert? Wie hängen Zeit und Raum in diesem Kontext zusammen?

6. **Wissenschaftliche Perspektive**:
- In der Wissenschaft gibt es Theorien, die von der Idee zyklischer

Universen ausgehen, wie z. B. das Konzept eines "zyklischen Kosmos", in dem das Universum sich wiederholt, wobei jeder Zyklus neue physikalische Gesetze oder Strukturen hervorbringt.

Insgesamt bietet die Idee des Wechsels zwischen unrealistischen und realistischen Universen Raum für tiefgreifende Überlegungen über die Natur von Realität, Wahrnehmung und die Entwicklung des menschlichen Wissens. Sie lädt dazu ein, darüber nachzudenken, wie wir die Welt um uns herum interpretieren und welche Faktoren unsere Auffassung von Realität beeinflussen.

Wenn wir Haydar Toraman's Theorie betrachten, die das Universum als real und alles außerhalb davon als unreal beschreibt, ergeben sich einige interessante Überlegungen:

1. **Unbekannte Dimensionen**:

- Dinge, die außerhalb unseres Universums existieren könnten, wie andere Dimensionen oder Paralleluniversen, wären in diesem Kontext unreal. Diese Konzepte sind theoretisch, aber nicht empirisch nachweisbar.

2. **Abstrakte Konzepte**:

- Ideen und Konzepte wie Zeit, Raum, Mathematik oder sogar

Emotionen könnten als unreal betrachtet werden, da sie keine physische Existenz haben und nicht direkt beobachtbar sind. Sie sind jedoch essenziell für unser Verständnis der realen Welt.

3. **Mythologie und Fantasie**:
- Elemente aus Mythologie, Religion oder Fiktion, die nicht empirisch überprüfbar sind, könnten ebenfalls als unreal gelten. Diese Geschichten und Ideen spiegeln menschliche

Erfahrungen wider, sind aber nicht Teil der physikalischen Realität des Universums.

4. **Hypothetische Entitäten**:

- Entitäten oder Phänomene, die bisher nicht entdeckt oder bewiesen wurden, wie dunkle Materie oder bestimmte theoretische Teilchen, könnten als unreal angesehen werden, bis sie durch empirische Daten unterstützt werden.

5. **Philosophische Konzepte**:

- Philosophische Überlegungen über das "Nichts" oder das "Nicht-Seiende" könnten ebenfalls in die Kategorie des Unrealen fallen. Fragen wie „Was ist Realität?" oder „Gibt es etwas außerhalb der Existenz?" sind tiefgründig und oft spekulativ.

6. **Zukünftige Realitäten**:

- Mögliche zukünftige Zustände oder Veränderungen im Universum, die derzeit nicht realisiert sind, könnten als unreal angesehen werden. Während sie theoretisch existieren könnten, sind sie noch nicht Teil der gegenwärtigen Realität.

Insgesamt beschreibt Toraman's Theorie eine klare Trennung zwischen dem, was wir empirisch als real anerkennen, und dem, was außerhalb dieser Realität existiert oder spekulativ ist. Diese Unterscheidung regt dazu an, über die Grenzen unseres Wissens und die Natur der Realität nachzudenken.

Die Vorstellung, dass unser Universum sich in ein "unreales" Universum bewegt, könnte auf verschiedene philosophische oder theoretische Konzepte anspielen. Hier sind einige Ansätze, die in diese Richtung gehen könnten:

1. **Multiversum-Theorien**: Diese

Theorien schlagen vor, dass es viele Universen gibt, die parallel existieren. Unser Universum könnte sich in einem größeren "Multiversum" bewegen, in dem andere, möglicherweise völlig andere Realitäten existieren.

2. **Philosophische Ansätze**: Einige philosophische Strömungen stellen die Frage nach der Natur der Realität und der Wahrnehmung. In diesem Kontext könnte "unreal" auf Konzepte

hinweisen, die sich mit Illusion oder Simulation beschäftigen (zum Beispiel die Simulationstheorie).

3. **Kognitive und Wahrnehmungsfragen**: Die Art und Weise, wie wir Realität wahrnehmen, könnte ebenfalls als "unreal" betrachtet werden, da unsere Sinne und das menschliche Bewusstsein nur einen Teil der umfassenden Realität erfassen.

Zum Schluss: Vor etwa 13,8 Milliarden Jahren entstand das Universum durch einen enormen Ausbruch von Energie und Raum, der als Urknall bezeichnet wird. Vor diesem Ereignis existierte der Raum, wie wir ihn kennen, nicht, und alle Materie und Energie waren in einem extrem kompakten Zustand konzentriert.

Nach dem Urknall begann sich das Universum auszudehnen und

abzukühlen, was zur Bildung von subatomaren Teilchen, Atomen und schließlich zu Galaxien, Sternen und Planeten führte. In diesem Sinne könnte man sagen, dass das Universum "**real**" (war „**irreal**") wurde, als es sich von einem Zustand extrem hoher Dichte und Temperatur in einen Zustand entwickelte, der die Bedingungen für die Bildung von Materie und Strukturen im Universum ermöglichte.

Irrealität kann Realität, Realität kann Irrealität werden

Bericht über die Theorie der Trennung und Neuen Eigenschaften von Atomen

Einleitung

Die moderne Physik erklärt die

Struktur der Materie durch die Wechselwirkungen von fundamentalen Teilchen wie Protonen, Neutronen und Elektronen. In dieser Theorie wird vorgeschlagen, dass diese Teilchen sich trennen und dabei neue Eigenschaften annehmen, die als dunkle Materie und dunkle Energie interpretiert werden können. Umgekehrt könnte auch postuliert werden, dass dunkle Energie und dunkle Materie wieder in Atome umgebildet werden können. Diese Hypothese stellt eine innovative Perspektive dar und könnte dazu beitragen, einige der ungelösten Fragen der Kosmologie zu beantworten.

1. Grundlagen der Atomstruktur

Atome bestehen aus drei Hauptbestandteilen:

Protonen: Positiv geladene Teilchen im Atomkern.

Neutronen**: Neutrale Teilchen, ebenfalls im Atomkern.

Elektronen**: Negativ geladene Teilchen, die sich in Orbitalen um den Atomkern bewegen.

Diese Teilchen sind durch verschiedene Kräfte miteinander verbunden, insbesondere durch die starke Kernkraft (die Protonen und Neutronen zusammenhält) und die elektromagnetische Kraft (die die Elektronen an den Atomkern bindet).

2. Trennung der Teilchen

In extremen Bedingungen, wie sie in Sternen oder bei Supernovae auftreten, können Protonen, Neutronen und Elektronen sich voneinander trennen. Diese Trennung kann durch:

Hohe Temperaturen**: Bei sehr hohen Temperaturen können Elektronen von ihren Atomkernen getrennt werden, was zu einem

Plasma führt.

Nukleare Reaktionen**: Bei Fusion oder Spaltung können Protonen und Neutronen in andere Teilchen umgewandelt werden.

3. Bildung neuer Eigenschaften

Die Theorie schlägt vor, dass bei der Trennung dieser Teilchen neue Eigenschaften entstehen, die als dunkle Materie und dunkle Energie bezeichnet werden können:

Dunkle Materie**:

Hypothese: Wenn Protonen und Neutronen sich trennen, könnten sie unsichtbare Eigenschaften annehmen, die nicht mit elektromagnetischer Strahlung interagieren. Diese Eigenschaften könnten als dunkle Materie interpretiert werden.

Beobachtungen: Der gravitative Einfluss von dunkler Materie auf sichtbare Materie ist in der

Kosmologie dokumentiert, wobei die Bewegungen von Galaxien und Galaxienhaufen auf das Vorhandensein dieser unsichtbaren Materie hinweisen.

Dunkle Energie:

Hypothese: Elektronen, die sich von Atomen trennen, könnten ebenfalls neue Eigenschaften entwickeln und eine Form von Energie darstellen, die die beschleunigte Expansion des Universums verursacht.

Beobachtungen: Dunkle Energie wird als eine Energieform betrachtet, die den Raum selbst durchdringt und die Expansion des Universums antreibt.

4. Umgekehrte Prozesse

Die Theorie könnte auch die Möglichkeit beinhalten, dass dunkle Energie und dunkle Materie wieder in Atome umgewandelt werden können:

Rekombination****:** Unter bestimmten Bedingungen könnten die

Eigenschaften der dunklen Materie und dunklen Energie wieder in die Form von Protonen, Neutronen und Elektronen zurückgeführt werden, die dann neue Atome bilden.

Kosmologische Prozesse****: In einem sich verändernden Universum könnten sich dunkle Materie und dunkle Energie durch Prozesse, die noch erforscht werden müssen, neu organisieren und stabilisieren, um wieder sichtbare Materie zu schaffen.

5. Implikationen der Theorie

Diese Theorie hat mehrere weitreichende Implikationen:

Neue Teilchen**: Es könnte neue, unbekannte Teilchen geben, die mit dunkler Materie und dunkler Energie in Verbindung stehen.

Erweiterung der Physik**: Die Vorstellung, dass Materie in verschiedene Zustände und Eigenschaften übergehen kann, könnte das Verständnis der fundamentalen Physik erweitern.

Verbindung zwischen Materie und Energie**: Diese Theorie könnte die Beziehung zwischen Materie und Energie im Universum neu definieren.

6. Fazit

Die vorgeschlagene Theorie, dass Protonen, Neutronen und Elektronen sich trennen und neue Eigenschaften annehmen, die als dunkle Materie und dunkle Energie interpretiert werden können, bietet eine innovative Perspektive auf einige der größten Rätsel der modernen Physik und Kosmologie. Zudem könnte die Möglichkeit, dass dunkle Energie und dunkle Materie wieder in Atome umgewandelt werden, neue Forschungsansätze eröffnen. Weitere Forschung und experimentelle Überprüfung sind notwendig, um diese Hypothese zu unterstützen oder zu widerlegen.

Irrealität kann Realität, Realität kann Irrealität werden

Dipl. Geologe Haydar Toraman

Titanium T

www.universalethics.info

www.worldethics.info

www.worldethik.com

www.ingramcontent.com/pod-product-compliance
Lightning Source LLC
Chambersburg PA
CBHW052150220526

45471CB00004B/1604